Schillers

Bedeutung für das Maschinen-Zeitalter

FESTREDE

bei der Schillerfeier der Technischen Hochschule zu Berlin

gehalten in der Aula am 8. Mai 1905

von

O. KAMMERER

Berlin und München

Verlag von R. Oldenbourg

1905.

Wer an einem sonnenhellen Frühlingstag durch die stillen Gassen von Weimar oder von Jena wandert, der empfängt den Eindruck einer ruhigen und einheitlichen Stimmung. Spitzgieblige schmale Häuser, die in leise gekrümmten Straßen und an abgeschlossenen Plätzen liegen, geben ein Städtebild von malerischer Wirkung. Die Behausungen selbst, in Umriß und Gliederung einfach und zweckmäßig, mit schlichten Putzflächen, mit spitzen Dächern und einfachen Fensterläden, ohne Ornamentik, höchstens mit leisem Anklang an Barocklinien an den Fenstern und Türen, erwecken das Gefühl behaglichen Wohnens. Das Ganze liegt eingesponnen in das Grün von alten Bäumen, die just dahin gepflanzt sind, wo sie ein sehendes Auge erfreuen. Darüber hinaus werden die welligen Linien und die mattgetönten Flächen der ruhigen Thüringer Landschaft sichtbar, mit eingestreuten Waldflächen, aus denen da oder dort ein bescheidenes Barockschlößchen oder ein mittelalterlicher Turm ragt. Dazu kein anderer Laut als das Gezwitscher der Vögel und der feine Glockenschlag einer alten Turmuhr.

Das neunzehnte Jahrhundert, das sonst so manches feingestimmte Städtebild mit seinen barbarischen Bauten zerstört hat, hat den beiden thüringischen Städten nicht allzu viel anhaben können, es hat trotz seiner häßlichen Zutaten nicht vermocht, das friedliche Bild zu zerreißen. Man kann sich daher an diesen Stellen auch heute noch unschwer eine Vorstellung von jener Zeit zu Ausgang des achtzehnten Jahrhunderts machen, zu der die einheitliche Stimmung noch unberührt erhalten war.

Diese Zeit war — verglichen mit anderen Perioden — eine höchst eigenartige, die man nur dann ganz erfassen kann, wenn man die Gestaltung des wirtschaftlichen und kulturellen Zustandes im ganzen überschaut.

Durch die harte Arbeit eines Jahrhunderts hatte der deutsche Bürgerstand sich langsam wieder aus dem wirtschaftlichen Tiefstand emporgerungen, in den er durch den dreißigjährigen Krieg und durch die vorhergegangene Verlegung der Handelswege versunken war.

Die nordwestlichen Seestädte, denen die Veränderung der Seewege zugute kam, und die vom Krieg am wenigsten berührt worden waren, richteten sich naturgemäß zuerst wieder auf: in Hamburg entstand daher zuerst wieder ein selbständiges wirtschaftliches Leben. Etwas später folgten die binnenländischen Handelsstädte, vor allen anderen Leipzig und Frankfurt, deren damalige Eigenart uns durch Goethes Eindrücke so wohl vertraut ist. Die lange darniederliegenden Gewerbe, insbesondere die textilen und keramischen, hatten sich langsam wieder erholt. Nicht zum geringsten hatten die unermüdlichen und umsichtigen Bemühungen Friedrichs des Großen das Ihrige getan, um das Land in gewerblicher Richtung vom Ausland wieder unabhängig zu machen. Die im 15. Jahrhundert in Deutschland weit vor allen anderen Ländern entwickelten Bergwerksbetriebe, die nach dem dreißigjährigen Krieg völlig verfallen waren, kamen langsam wieder in Gang, insbesondere in Schlesien, im Harz und im Mansfeldischen. Eine erstaunliche Leistung für die bescheidenen Verhältnisse damaliger Zeit waren die technischen Mittel, die in diesen Betrieben verwendet wurden.

Alle diese Gewerbe aber wurden mit der behäbigen Ruhe des Handwerks betrieben; auch die Bergwerke waren keine Großbetriebe in unserem Sinne. Diese gewerbliche Tätigkeit brachte wohl einen sehr bescheidenen Wohlstand in das Land, aber sie führte keine wirtschaftlichen Umwälzungen herbei. Alles in allem genommen war daher in Deutschland nach den vorausgegangenen Stürmen eine Zeit behaglicher Arbeit in kleinen Verhältnissen gekommen, die den Bürgerstand soweit in ruhiger Entwicklung wirtschaftlich gefördert hatte, daß ein gewisses Kulturbedürfnis erwachen konnte.

Ein glücklicher Umstand kam dem Wiedererwachen einer selbständigen Kultur zugute. Der übermächtige französische Einfluß, der ein Jahrhundert lang über die Fürstenhöfe Deutschlands ausgeströmt war, hatte im wesentlichen nur den Adel ganz in seinen Bereich gezogen; das Bürgertum war durch die tiefe Kluft, die in der Zeit des wirtschaftlichen Tiefstandes zwischen Adel und Bürgertum aufgerissen war, vor einem allzu tiefen Eindringen der französisch-adligen Rokoko-Kultur bewahrt geblieben. Als der Bürgerstand daher in den Handelsstädten erst seine wirtschaftliche Kraft wieder gewonnen hatte, wurde er auch bald seiner Eigenart wieder bewußt und suchte die fremden Flitter abzuschütteln.

Die bürgerlichen Wohnhäuser zu Ausgang des achtzehnten Jahrhunderts zeigen eine Gestaltung, die in allen Einzelheiten nur der Zweckmäßigkeit entspricht, die in Umriß und Gliederung einen behaglich-bürgerlichen Eindruck hervorruft, und die nichts gemein hat mit den lächerlichen Palastkopien, die in dem trostlosen Städtebild unserer Zeit als ungebildete Emporkömmlinge erscheinen. Die baulichen Anlagen der damaligen Zeit wollten nicht mehr vorstellen, als sie wirklich waren; sie waren anspruchslos, zweckmäßig und wahr. Auch die bürgerliche Tracht der damaligen Zeit war von der Künstelei des Rokoko zur Natürlichkeit zurückgekehrt; ihr ist es zum Teil zu verdanken, daß uns die Bildnisse aus jener Zeit so vertraulich und natürlich erscheinen.

Hinsichtlich Bedürfnis und Stimmung waren also recht wohl die Vorbedingungen für eine selbständige nationale Kulturtätigkeit gegeben. Aber diese Tätigkeit hätte des großen Zuges entbehrt, wenn nicht gewaltige Einflüsse von außen eingewirkt hätten.

Diese Einflüsse kamen von zwei Seiten: von dem in sozialer Gärung befindlichen Frankreich und von dem wirtschaftlich aufblühenden England.

Während in Frankreich das haltlos gewordene ancien régime dem verdienten Ende entgegentrieb, tauchten in aller Stille folgenreiche naturwissenschaftliche Entdeckungen auf und mit ihnen die Keime zu einer völlig neuen Zeit. Mit dem Bekanntwerden dieser Entdeckungen fiel die angeborene Scheu vor dem Althergebrachten, vor den bis dahin urteilslos übernommenen Anschauungen, Schranken und Vorurteilen. Eine neue geistige Welt tat sich auf, eröffnet durch die aufrüttelnden Stimmen der französischen Philosophen. Wie ein nächtlicher Gewitterhimmel, erleuchtet von den ersten fernen Blitzen, strahlte es vom Westen her nach Deutschland herüber, als ein gewaltiger Hintergrund für die ruhige Entwicklung, die dort sich vorbereitete und die durch diesen Hintergrund eine Stimmung in das Großzügige erhielt,

Befand Frankreich sich in einer Gärung, die Deutschland erst ein halbes Jahrhundert später erfahren sollte, so war die Entwicklung in England den deutschen Verhältnissen um nahezu ein volles Jahrhundert vorangeeilt. Die politische Freiheit hatte der Bürgerstand dort seit langem erkämpft, er konnte daher seine ganze Kraft der wirtschaftlichen Ausgestaltung widmen. Glänzend leuchten aus jener Zeit die Namen der Ingenieure herüber, die den Grund zu Englands wirtschaftlicher Weltmacht gelegt haben. Newcomen, Trevithik und James Watt hatten durch ihre Erfindungen gezeigt, wie man die Naturkraft des Feuers dem Menschen dienstbar machen kann; Hargreaves, Arkwright und Crompton hatten durch die Erfindungen der Spinnmaschine und des Webstuhles die Entwicklung mit einem Ruck auf eine höhere Stufe gestellt.

Die starke Stellung, die sich das Bürgertum in England politisch und wirtschaftlich errungen hatte; und der das Aufblühen englischer Philosophie und Literatur folgte, leuchtete wie das Morgenrot einer kommenden neuen Epoche nach Deutschland herüber und erweckte in dem deutschen Bürgertum ein leises Ahnen, daß in ferner Zeit einmal ein gleicher Erfolg der harten Arbeit auf deutscher Erde entsprossen würde.

War auch vorerst die Entwicklung in Deutschland eine sehr stille und langsame, so wirkte doch der Gang der Ereignisse in Frankreich und England wie Morgenluft auf die noch in Dämmerung liegende Landschaft.

Der erste Klang wiedererwachender deutscher Kultur ertönte aus den unvergänglichen Schöpfungen von Händel und Joh. Seb. Bach. Ihnen folgten die Philosophen Leibniz und Kant. Am reinsten aber erklang der Rhythmus deutschen Kulturlebens in den Werken von Lessing, Goethe und Schiller.

Das allgemein Menschliche am tiefsten geschaut und am innigsten dargestellt zu haben, wird als Goethes Verdienst dankbar anerkannt werden, so lange es eine deutsche Sprache gibt. Den stärksten Ausdruck aber für den deutschen Volkscharakter und seine Ideale gefunden zu haben, hat man von jeher als Schillers unvergängliches Verdienst gerühmt.

Wenn heute das ganze Volk in allen Berufen und Ständen das Gedächtnis Schillers begeht, und wenn wir Ingenieure zu gleichem Zweck heute die Arbeit ruhen lassen, so kann es nicht darum sein, um in Schiller allein den Dichter zu ehren. Ob seine Sprache pathetisch oder überschwenglich ist, ob seine Helden unwirkliche oder erhabene Menschen sind, das abzuwägen und zu beurteilen sind wir nicht berufen, deren Tätigkeit nicht der schönen Traumwelt, sondern der harten Wirklichkeit gilt. Wir dürfen uns nur die Frage stellen: warum feiern wir Schiller als nationalen Dichter?

Für ein flüchtiges Urteil scheint zunächst gerade das zu fehlen, was den nationalen Dichter ausmacht. Keines von Schillers Dramen behandelt einen deutschen Stoff, keines verherrlicht eine nationale Dynastie oder einen vaterländischen Helden. Im Gegenteil, Bestehendes wird mehrfach bitter angegriffen, und „Kabale und Liebe" ist eine Anklageschrift auf die Zustände, wie sie an den zeitgenössischen Höfen mehr oder weniger überall zu finden waren. Viel harmlosere Satiren werden heutzutage entrüstet zurückgewiesen. Selbst „Wilhelm Tell" kann nicht als nationales Schauspiel im modernen Sinn gelten, denn nirgendwo ist darin von der Schweiz als einem Teil Deutschlands die Rede, und der Held befreit das Land vom Reichsvogt nicht aus nationalen Gründen, sondern um seine Familie vor der Rache des Vogts zu schützen.

Man darf aber mit Sicherheit behaupten, daß Schiller als nationaler Dichter heute vergessen wäre, wenn er den Patriotismus in der äußerlichen Form gepflegt hätte, wie dies heutzutage in sogenannten nationalen Dramen geschieht, die lediglich in einer gedankenarmen Verherrlichung patriotischer Gestalten gipfeln. Die wirkliche Vaterlandsliebe gibt sich eben nicht in billigen Lobreden auf das Bestehende und in theatralischen Festen kund, sondern sie besteht einzig und allein in dem selbstlosen und freimütigen Eintreten für das Gemeinwohl, in der Hingabe der Arbeitskraft und, wenn es sein muß, des Lebens für die Gesamtheit. Eine Vaterlandsliebe in diesem Sinn erringt nur in den seltensten Fällen öffentliche Anerkennung; sie setzt ein stilles Heldentum voraus, das in der eigenen Tat allein seine Befriedigung findet. Eine solche Betätigung ist um so schwerer, als sie dreierlei erfordert: Selbstlosigkeit, Wahrhaftigkeit und Freimut.

Den Patriotismus, der in der Befreiung des Vaterlandes von unwürdigen Zuständen unter selbstloser Hingabe der eigenen Persönlichkeit sein vornehmstes Ziel findet, diese wahre Vaterlandsliebe finden wir in nahezu allen Dramen Schillers. Der Ruf nach Befreiung von gesetzlich geschütztem Unrecht erklingt in den „Räubern", nach Rettung aus Willkürherrschaft in „Kabale und Liebe", nach Erlösung aus religiöser Bedrückung in „Don Carlos", nach nationaler Befreiung in der „Jungfrau von Orleans" und nach politischer Freiheit in „Wilhelm Tell". Auch als Geschichtschreiber behandelt Schiller mit Begeisterung die Befreiung aus drückenden Zuständen: aus religiöser Bedrückung im „Dreißig-jährigen Krieg" und aus nationaler im „Abfall der Niederlande".

Es würde keinen besonderen persönlichen Mut erfordern, den Ton der Dramen Schillers heute anzuschlagen, wo das erkämpft ist, was seiner Zeit als nahezu unerreichbares Ideal vorschwebte. Wer Schillers Eintreten für seine erhabenen idealen Forderungen recht würdigen will, der muß sich in die damalige Zeit versetzen. Es gab weder nationale, noch politische Freiheit, weder Lehrfreiheit, noch Redefreiheit in Parlament und Presse. Die Macht der Fürsten war nahezu unbegrenzt, die Beugung des Rechtes in kleinen Staaten kein seltenes Ereignis.

Die Kundgebung seiner Überzeugung in den „Räubern" hatte Schillers Stellung in Stuttgart zu einer so unhaltbaren gemacht, daß er bald nach der ersten Aufführung im Jahre 1782 seine Heimat verlassen mußte und gezwungen war, in einem fremden Staat, der für damalige Verhältnisse das Ausland bedeutete, aus den dürftigsten Verhältnissen heraus, ohne Mittel und ohne Ausblick in die Zukunft, aus eigener Kraft sich eine Stellung zu gründen. Und Schiller hätte wahrhaftig die Gunst der Großen brauchen können. Wer die bescheidene, fast dürftige Einrichtung seines Hauses in Weimar mit der Haushaltung des Lebens-künstlers und Hofmanns Goethe vergleicht, der empfängt einen tiefen Eindruck und wird mit umso bewegterem Herzen den Brief lesen, den Goethe nach Schillers Tod an den König Ludwig I. von Bayern gerichtet hat und der den Satz enthält:

„In bezug auf die von Eurer Majestät zu meinem unvergeßlichen Freunde gnädigst gefaßte Neigung mußte mir gar oft die Überzeugung beigehen, wie sehr demselben das Glück, Eurer Majestät anzugehören, wäre zu wünschen gewesen. . . . Durch allerhöchste Gunst wäre sein Dasein erleichtert, häusliche Sorgen entfernt, derselbe auch wohl in ein heilsameres, besseres Klima versetzt worden, seine Arbeiten hätte man dadurch belebt und beschleunigt gesehen."

Unserem der Schwärmerei fremden Zeitalter mag vielleicht manches in Schillers Werken nicht so vertraut erscheinen wie seinen Zeitgenossen. Aber seine mit Begeisterung immer wieder kundgegebene Idee, daß der Einzelne freimütig und selbstlos für die Gesamtheit einstehen müsse, steht uns sicherlich nicht minder hoch, denn diese Idee ist im Grunde genommen nichts anderes als der Leitgedanke unserer Zeit: die soziale Ausgestaltung des Staates. Die politische und nationale Freiheit hat das deutsche Volk in schweren Zeiten errungen. Darüber hinaus gilt es, die Tüchtigen nicht nur rechtlich, sondern auch wirtschaftlich frei zu machen. Die Mittel zur Verwirklichung dieser Idee müssen freilich andere sein, als sie der schwärmerischen Zeit Schillers vorschwebten. Wir haben erkannt, daß man nur mit kühl erwogenen, sachlichen Mitteln einen idealen Gedanken verwirklichen kann. Aber hinter der kühlen Überlegung müssen die ehrliche Überzeugung und der heiße Wunsch stehen, wenn die Verwirklichung nicht ein dürftiges Abbild der Idee werden soll.

Und noch zu einer anderen großen Aufgabe müssen wir uns das von allem Materiellen weit entfernte ideale Denken Schillers bewahren: zur Erlösung unseres Volkes von all dem, was noch aus dem Mittelalter herüber an seelischer Unfreiheit ihm geblieben ist, was heute noch seinen dunklen Schatten über das Volksleben wirft und es in Parteien zerspaltet. Freilich kann diese seelische Befreiung nicht mit äußerlichen Mitteln erzwungen werden, sie muß vielmehr von innen herauskommen.

Was wir als moderne Menschen aus Schillers Leben und Schriften und aus der Kultur seiner Zeit immer wieder lernen können, erkennen wir am besten, wenn wir dem Kulturbild von damals das heutige gegenüberstellen.

Die wirtschaftlichen Verhältnisse sind heute gegen damals von Grund aus umgestaltet. Die technischen Anregungen, die zu Beginn des 19. Jahrhunderts von England herübergekommen sind, haben vereint mit dem, was die heimische Technik schon vorher langsam aber stetig geschaffen hatte, zu einer ungeahnten wirtschaftlichen Entwicklung in wenigen Jahrzehnten geführt. Anstelle des überlieferten Handwerks und des Kleinbetriebes ist eine gewaltige Industrie getreten, die mit Hilfe eines internationalen Verkehrs den Weltmarkt beeinflußt und einer Bevölkerung den Unterhalt gewährt, die mehr als doppelt so groß ist als die damalige. Die Lebenshaltung aller hat sich gesteigert. Wenn je eine starke wirtschaftliche Entwicklung die Grundbedingung für das Entstehen einer höheren Kultur gewesen ist, dann würde heute diese Vorbedingung erfüllt sein.

Trotzdem müssen wir gestehen, daß unsere Zeit nicht das Bild einer harmonischen Kultur gewährt. Die künstlerische Entwicklung ist in einen engen Kreis gebannt, wenigen zugänglich und von wenigen verstanden. Das Städtebild ist mit verschwindenden Ausnahmen ein anmutloses und unbefriedigendes. Das Leben der meisten verläuft in einer vielbeschäftigten Unrast, aufgezehrt von Kleinlichkeiten. Überall fehlt Einheit, Ruhe, Stimmung.

Das Grundübel aber ist darin zu finden, daß bei der allzu raschen Umwälzung der wirtschaftlichen Verhältnisse vielfach Elemente an die Oberfläche geraten sind, die nicht eigener Tüchtigkeit, sondern ausgenützten Zufälligkeiten den Erfolg verdanken, und daß der Erfolg an sich als Wertmesser der Persönlichkeit gilt, gleichviel ob er dem äusseren Glück oder der eigenen Kraft entsprossen ist. Nur allzu häufig wird nicht die ernste Tat, sondern der leichte Erfolg, nicht die wirkliche Leistung, sondern die äußerliche Anerkennung angestrebt. Daher Fehlen des persönlichen Freimutes auf der einen Seite, Empfindlichkeit gegen ruhige sachliche Kritik auf der anderen Seite, Unwahrhaftigkeit und Unfreiheit allenthalben. Wer in seiner Tätigkeit nur nach dem äußerlichen Erfolg greift, wird auch in seiner Lebenshaltung mit dem Schein des Prunks sich begnügen. Schönheit ohne Wahrheit ist aber undenkbar. Die häßliche äußere Erscheinung unseres Kulturzustandes ist daher nichts anderes als das Spiegelbild der unfertigen Entwicklung.

Einen unbestrittenen Vorsprung hat das deutsche Volk in jüngster Zeit im Grunde genommen nur auf einem einzigen Gebiet errungen, auf dem Gebiet der wissenschaftlichen Technik, die heutzutage maßgebend ist für die wirtschaftliche Unabhängigkeit eines Volkes. In dem Bereich der Elektrotechnik, der metallurgischen und chemischen Technik und dem größten Teil der Wärmetechnik ist Deutschland in den letzten zwei Jahrzehnten führend allen anderen Völkern vorausgeschritten.

Diese Tatsache gibt uns eine Gewähr dafür, daß unser Volk die Charaktereigenschaften besitzt, die zur Entwicklung einer inneren

Kultur notwendig sind. Denn in der wissenschaftlichen Technik darf es weder Unwahrhaftigkeit noch Unfreiheit geben. Ein industrielles Werk, in dem der Ingenieur aus Unterwürfigkeit seine sachliche Meinung nicht auszusprechen wagt, und in dem der Leiter aus falschem Stolz eine ruhige sachliche Kritik nicht vertragen kann, muß dem Rückgang verfallen. Das Gleiche gilt von einem Unternehmen, in dem nicht jeder leitende Ingenieur das gemeinsame Interesse dem eigenen voranstellt, und in dem von der Verwaltung Gewinn und Lohn nicht in solchen Einklang gebracht werden, daß ungerechte Bereicherung auf der einen Seite und unbillige Ausnützung auf der anderen Seite vermieden werden. Durch Raubbau kann wohl ein vorübergehender Erfolg errafft werden; eine dauernde Blüte großer Werke, wie sie in Deutschland vielfach aus bescheidenen Anfängen zu gewaltiger Ausdehnung herangewachsen sind, ist nur möglich, wenn Wahrhaftigkeit und Gemeinsinn alle Mitarbeiter zur Einsetzung ihrer ganzen Kraft antreiben. Im Vorwärtsschreiten befinden sich Gemeinde und Staat nur dann, wenn sie sich den Grundzug der technischen Verwaltung zu eigen machen, daß nur der regieren darf, den Sachkenntnis zu einem wirklichen Herrscher macht.

Wir Ingenieure, die wir nicht still in eine gelehrte oder künstlerische Tätigkeit uns versenken können, die wir vielmehr mitten in den wirtschaftlichen Kämpfen stehen und gewissermaßen als Pioniere der Entwicklung dem unermüdlichen Getriebe unserer Zeit noch vorauseilen müssen, wir können nur hoffen und wünschen, daß die besten Eigenschaften germanischer Rasse, daß Wahrhaftigkeit, Freimut und Selbstlosigkeit wieder durchaus die Leitsterne unseres Volkes werden mögen. Dann wird auch eine nationale innere Kultur entstehen und ein Patriotismus, der nicht in Phrasen und Festen, sondern in gemeinnütziger Betätigung sich kundgibt, gleichviel ob Auszeichnung oder Maßregelung die Folge ist.

Brausend wie der Föhn über die winterlichen Berge stürmt die Gegenwart über die althergebrachten Kulturformen hinweg. Aber inmitten der Unrast des Alltags bereitet sich eine neue Zeit vor. Wenn anders wir die sprossenden Keime, die sich auf naturwissenschaftlichem und künstlerischem Schaffensgebiet, die sich in ethischem und sozialem Denken allenthalben zeigen, in hoffnungsvollem Sinn deuten dürfen, dann wird vielleicht, wie dem Föhn der Frühling, so dem Sturm von heute ein neues Aufblühen deutscher Art und deutscher Kultur folgen.

In dieser Hoffnung bedeuten uns Schillers Leben und Werke ein Vermächtnis von unvergänglichem Wert; wir wollen ihn ehren, indem wir seinen Worten treu bleiben:

> „Wir wollen sein ein einzig Volk von Brüdern,
> In keiner Not uns trennen und Gefahr.
>
> — — — — — — — — — — — —
>
> Wir wollen trauen auf den höchsten Gott
> Und uns nicht fürchten vor der Macht der Menschen."

DRUCK VON H. S. HERMANN, BERLIN.

www.ingramcontent.com/pod-product-compliance
Lightning Source LLC
Chambersburg PA
CBHW062017210326
41458CB00075B/6131